目　次

前言 …… Ⅲ
引言 …… Ⅴ
1　范围 …… 1
2　规范性引用文件 …… 1
3　术语和定义 …… 1
4　基本规定 …… 2
4.1　崩塌类型 …… 2
4.2　监测目的任务 …… 3
4.3　监测内容 …… 3
4.4　监测范围 …… 3
4.5　监测实施条件 …… 3
4.6　监测等级 …… 3
4.7　监测阶段 …… 4
4.8　监测工作流程 …… 4
5　监测设计 …… 5
5.1　资料收集与现场踏勘 …… 5
5.2　监测内容选择 …… 5
5.3　监测方法及精度选择 …… 7
5.4　监测仪器选择 …… 7
5.5　监测网布置 …… 7
5.6　监测剖面布置 …… 8
5.7　监测点布置 …… 8
5.8　监测设计编制 …… 9
6　监测工作要求 …… 9
6.1　监测频率 …… 9
6.2　数据采集 …… 10
7　监测系统建设、运行与维护 …… 10
7.1　监测点建设 …… 10
7.2　仪器设备安装 …… 11
7.3　运行与维护 …… 11
8　资料整理与报告编制 …… 11
8.1　资料整理 …… 11
8.2　动态分析预测 …… 12
8.3　报告编制 …… 12
附录 A（资料性附录）　崩塌形成机理分类及特征 …… 13

附录 B（规范性附录） 宏观巡查内容及方法 …… 14
附录 C（规范性附录） 崩塌现场调查主要内容 …… 16
附录 D（规范性附录） 崩塌监测设计提纲 …… 17
附录 E（资料性附录） 监测记录表格 …… 18
附录 F（资料性附录） 地表绝对位移观测墩结构 …… 22
附录 G（资料性附录） 裂缝相对位移观测墩结构与传感器安装 …… 23
附录 H（资料性附录） 简易观测法建点方法 …… 25
附录 I （规范性附录） 深部位移监测钻孔施工及仪器安装技术要求 …… 26
附录 J （资料性附录） 地面倾斜观测墩结构 …… 29
附录 K（资料性附录） 岩体应力监测点建设要求 …… 30
附录 L（规范性附录） 地下水位监测钻孔施工技术要求 …… 31
附录 M（资料性附录） 监测建点记录表 …… 32
附录 N（规范性附录） 崩塌监测报告提纲 …… 33
附录 O（规范性附录） 监测成果总结报告提纲 …… 34

前　言

本标准按照 GB/T 1.1—2009《标准化工作导则　第1部分：标准的结构和编写》给出的规则起草。

本标准附录 B、C、D、I、L、N、O 为规范性附录，附录 A、E、F、G、H、J、K、M 为资料性附录。

本标准由中国地质灾害防治工程行业协会提出并归口。

本标准起草单位：中国地质调查局水文地质环境地质调查中心、三峡大学、北京市勘察设计研究院有限公司、中国地质环境监测院三峡库区地质灾害防治工作指挥部、交通运输部公路科学研究院、航天科工惯性技术有限公司、黑龙江省九〇四水文地质工程地质勘察院。

本标准主要起草人：高幼龙、王洪德、陈昌彦、苏天明、曾怀恩、田运涛、张俊义、黄鑫、程温鸣、金枭豪、叶振南、杨强、杨秀元、李刚、乐琪浪、王刚、王爱军、罗靖筠。

本标准由中国地质灾害防治工程行业协会负责解释。

引　言

为推动地质灾害防治工程行业发展，国土资源部组织拟定了《地质灾害防治行业标准目录》和《地质灾害防治行业标准体系框架》，并发布了《国土资源部关于编制和修订地质灾害防治行业标准工作的公告》(国土资源部公告 2013 年第 12 号)，确定将《崩塌监测规范(试行)》纳入地质灾害防治行业标准。本标准是在充分研究国内外有关崩塌监测技术方法与应用实例的基础上，结合科学性、先进性和实用性原则编写完成，旨在规范崩塌(危岩体)监测工作，促进崩塌(危岩体)防治技术水平。全书共分八章，包括范围，规范性引用文件，术语和定义，基本规定，监测设计，监测工作要求，监测系统建设、运行与维护，资料整理与报告编制。

崩塌监测规范(试行)

1 范围

本标准规定了崩塌监测设计、监测工作要求、监测系统建设运行与维护、资料整理与报告编制等方面的基本要求。

本标准适用于崩塌(危岩体)发生前的专业监测。

2 规范性引用文件

下列文件中对于本标准的应用是必不可少的。凡是注日期的引用文件,仅所注日期的版本适用于本标准。凡是不注日期的引用文件,其最新版本(包括所有的修改单)适用于本标准。

GB/T 18314 全球定位系统(GPS)测量规范

GB 50026 工程测量规范

SL21 降水量观测规范

3 术语和定义

下列术语及定义适用于本标准。

3.1

崩塌 avalanche, rockfall

陡峻斜坡上的岩土体,在重力或其他外力作用下突然脱离母体,发生以竖向为主的运动,并堆积在坡脚的过程与现象。

3.2

危岩体 rockmass prone to rockfall, rock material moving in or moved by a rockfall

被多组结构面切割,稳定性差,可能以倾倒、坠落或塌滑等形式发生崩塌的地质体。

3.3

致灾体 a hazard-affected body

本标准指具有一定变形,可能产生灾害后果的崩塌(危岩体)。

3.4

监测剖面 monitoring section

为掌握致灾体变形特征而设置的观测断面,分为控制性监测剖面和辅助性监测剖面。

3.5

监测点 monitoring point

布置在致灾体表面、内部及周边区域,能反映致灾体变形动态、应力状态、地下水或环境要素等变化特征的周期性观测点。

3.6

监测频率 monitoring frequency

单位时间内的观测次数。

3.7

变形监测 deformation monitoring

对地表和地下一定深度范围内的岩土体与其上建筑物、构筑物的位移、沉降、隆起、倾斜、挠度、裂缝等微观、宏观现象，在一定时期内进行周期性的或实时的观察、测量。本标准变形监测包括地表绝对位移、裂缝相对位移、深部位移、地面倾斜等。

3.8

裂缝相对位移 relative displacement of crack

裂缝两侧岩土体的相对位置变化量及方向，包括张开或闭合、水平错动、垂直下沉等。

3.9

地表绝对位移 ground absolute displacement

致灾体上的监测点相对于其外部的某一（或多个）固定基准点三维坐标的变化。可通过监测点三维变形位移量、位移方位与变形速率等来反映。

3.10

地面倾斜 ground inclination

地面的倾斜方向和倾角变化。

3.11

深部位移 deep displacement

本标准指地表一定深度范围内岩土体的水平向位移量及方向。

3.12

应力监测 stress monitoring

采用监测仪器对岩土体内部的应力变化或岩土体与人工建筑体之间的应力变化进行监测的技术与方法。

3.13

简易监测 simple detection

借助于普通的测量工具、仪器装置和简易的量测方法，对致灾体、房屋或构筑物裂缝位移变化进行观察和量测，达到监控地质灾害活动的目的。常用的简易监测方法有埋桩法、埋钉法、上漆法和贴片法等。

3.14

埋桩法 buried pile method

横跨裂缝两侧设置标识桩，用钢卷尺定期测量桩之间的距离，用以了解地质灾害变形活动过程。

3.15

钻孔倾斜仪 boring inclinometer

测量钻孔倾斜方向及倾斜角度的仪器，以了解地质灾害体深部位移情况。

4 基本规定

4.1 崩塌类型

根据崩塌形成机理，分为倾倒式崩塌、滑移式崩塌、鼓胀式崩塌、拉裂式崩塌和错断式崩塌，其基本特征见附录 A。

4.2 监测目的任务

4.2.1 监测目的是掌握致灾体变形的时空动态，为预警预报及治理工程效果评价等提供依据。

4.2.2 监测任务是按需求获取致灾体地表和地下变形动态、应力状态、地下水及环境要素动态变化，综合分析判定其变形发展趋势。

4.3 监测内容

4.3.1 崩塌监测内容一般包括变形监测、应力监测和影响因素监测等。

4.3.2 变形监测一般包括地表绝对位移、裂缝相对位移、地面倾斜、深部位移及建（构）筑体变形等监测。

4.3.3 应力监测一般包括岩土体应力、防治工程（如预应力锚索、预应力锚杆等）受力等监测。

4.3.4 影响因素监测一般包括降水量、地下水位、工程活动等监测。

4.3.5 监测过程中，应定期开展宏观巡查。宏观巡查内容及方法见附录 B。

4.4 监测范围

崩塌的监测范围包括致灾体地表裂缝及被裂缝切割形成的各块体，地下软弱岩层或结构面、采空区、崩塌底座及崩塌堆积体斜坡。

4.5 监测实施条件

致灾体具有一定的调查资料、变形迹象，且具备监测人员和监测仪器设备能够到达的交通条件及施工、运行条件。

4.6 监测等级

4.6.1 监测等级可按地质灾害险情等级（表 1）和规模等级（表 2）综合确定，分为一、二、三、四级，具体划分见表 3。

4.6.2

表 1 崩塌险情等级划分

险情等级	受威胁人数/人	潜在经济损失/万元
特大型	＞1 000	＞10 000
大型	500～1 000	5 000～10 000
中型	100～500	500～5 000
小型	＜100	＜500
注：据受威胁人数和潜在经济损失所判别险情等级不同时取最高险情等级		

表 2 崩塌规模等级划分

规模等级	特大型	大型	中型	小型
体积 $V/10^4 m^3$	$V \geqslant 100$	$100 > V \geqslant 10$	$10 > V \geqslant 1$	$V < 1$

表 3 崩塌监测等级划分

监测等级		险情等级			
		特大型	大型	中型	小型
规模等级	特大型	一级	一级	一级	二级
	大型	一级	一级	二级	三级
	中型	一级	二级	三级	四级
	小型	二级	三级	四级	四级

4.6.3 地质环境条件特别复杂时，或工程施工期间、应急处置期间，可将监测等级提高一级。

4.6.4 一级监测应采用仪器设备监测；二级监测宜采用仪器设备监测；三、四级监测可采用简易监测。

4.6.5 一级监测应选择变形、应力、影响因素等综合监测内容或布置多条监测剖面；二级监测宜选择变形、应力、影响因素等综合监测内容，至少布置一条监测剖面；三、四级监测宜以变形监测为主，可在裂缝变形明显等部位分散布点。

4.7 监测阶段

4.7.1 根据致灾体变形发展趋势，分为初始变形监测阶段、匀速变形监测阶段、加速变形监测阶段和破坏变形监测阶段。

4.7.2 根据工程防治进度，分为调勘查监测阶段、工程施工监测阶段和工程运营监测阶段。

4.7.3 监测工作宜贯穿于各监测阶段，保持监测数据的连续性。

4.8 监测工作流程

崩塌监测工作一般应按图 1 所示的流程开展。

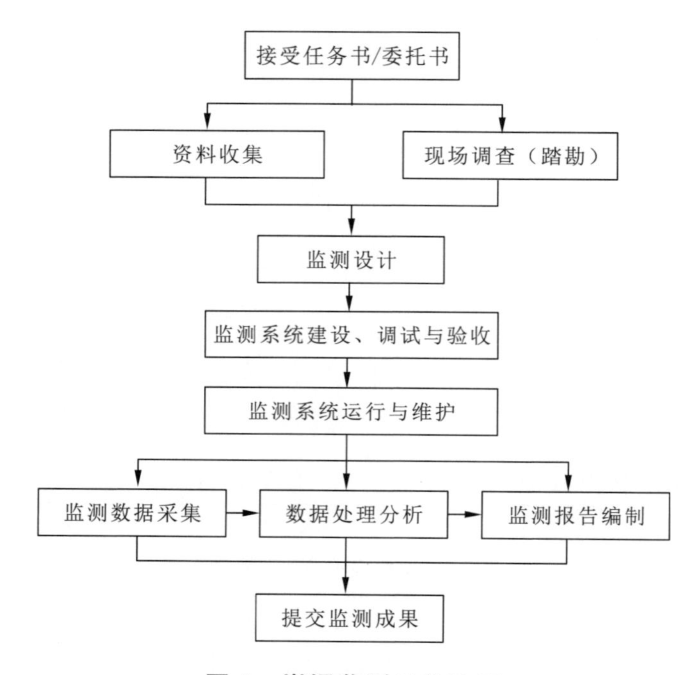

图 1 崩塌监测工作流程

5 监测设计

5.1 资料收集与现场踏勘

5.1.1 资料收集应包括以下主要内容：

a) 崩塌类型、边界、规模、空间形态、地层岩性、岩土体结构、影响范围、危害对象、变形特征等资料；

b) 工作区水文气象、地形地貌、地层岩性、地质构造、新构造运动与地震、水文地质条件等区域地质环境资料；

c) 工作区大比例尺地形图、地质图、交通图等；

d) 工作区已有的国家三角网、水准点数据；

e) 工作区钻孔、探槽、探井、平硐、物探等勘查资料，岩土体物理力学试验资料，模拟资料及综合评价资料；

f) 工作区已有监测站点和监测数据。

5.1.2 现场踏勘应包括以下主要内容(详见附录C)：

a) 崩塌类型、位置、形态、分布高程、规模；

b) 崩塌及周边的地质构造、地层岩性、地形地貌、岩土体结构类型、斜坡结构类型；

c) 崩塌及周边的水文地质条件和地下水赋存特征；

d) 崩塌变形发育史；

e) 崩塌成因的诱发因素；

f) 崩塌可能的运动方式和轨迹及可能造成的灾害范围；

g) 可能引起的次生灾害类型和规模。

5.2 监测内容选择

5.2.1 监测内容应根据崩塌类型、监测等级，分监测阶段选择。

5.2.2 崩塌监测内容应以裂缝相对位移、地表绝对位移等变形监测为主；倾倒式崩塌宜选择地面倾斜、岩体应力监测；鼓胀式崩塌和具有明显滑动带的滑移式崩塌宜选择降水量、地下水位和深部位移监测。

5.2.3 倾倒式崩塌宜按表4选择监测内容；滑移式崩塌和鼓胀式崩塌宜按表5选择监测内容；拉裂式崩塌和错断式崩塌宜按表6选择监测内容。

5.2.4 调勘查监测阶段的监测内容，应以地表绝对位移、裂缝相对位移等变形监测为主，并根据崩塌类型增加应力、影响因素等监测内容；工程施工监测阶段的监测内容，还应结合工程措施，增加防治工程受力等监测内容；工程运营监测阶段，应充分利用工程施工监测阶段的监测点，监测内容同工程施工阶段一致。

5.2.5 初始变形监测阶段、匀速变形监测阶段，监测内容应以变形监测为主；加速变形监测阶段、破坏变形监测阶段，可视施工条件增加应力监测、影响因素监测等内容。

表 4 倾倒式崩塌监测内容

监测内容		监测等级			
		一级	二级	三级	四级
变形监测	地表绝对位移	●	●	○	
	裂缝相对位移	●	●	●	●
	地面倾斜	●	○	○	
	建(构)筑物变形	○	○	○	○
应力监测	岩土体应力	●	○		
	防治工程受力	○(若有)	○(若有)		
影响因素监测	降水量	○	○		
	地下水位	○	○		
注：●表示宜选；○表示可选					

表 5 滑移式、鼓胀式崩塌监测内容

监测内容		监测等级			
		一级	二级	三级	四级
变形监测	地表绝对位移	●	●	○	
	深部位移	●	○	○	
	裂缝相对位移	●	●	●	●
	建(构)筑物变形	○	○	○	○
应力监测	岩土体应力	○			
	防治工程受力	○(若有)	○(若有)		
影响因素监测	降水量	●	○		
	地下水位	●	○		
注：●表示宜选；○表示可选					

表 6 拉裂式、错断式崩塌监测内容

监测内容		监测等级			
		一级	二级	三级	四级
变形监测	地表位移	●	●	○	
	裂缝相对位移	●	●	●	●
	地面倾斜	○	○		
	建(构)筑物变形	○	○	○	○
应力监测	岩土体应力	○			
	防治工程受力	○(若有)	○(若有)		
影响因素监测	降水量	○	○		
	地下水位	○			
注：●表示宜选；○表示可选					

5.3 监测方法及精度选择

5.3.1 监测方法应根据监测内容、场地环境条件及施测方式等综合确定，监测方法应简单易行。

5.3.2 宜选择自动化监测、实时监测方法。

5.3.3 未安装监测设备时，可采用埋桩（钉）法、贴片法、贴纸法等简易观测方法对地表及建（构）筑物裂缝进行监测。

5.3.4 变形监测、应力监测、影响因素监测宜采用的监测方法见表7。

5.3.5 不同监测等级宜采用不低于表7所示的监测精度。

5.4 监测仪器选择

5.4.1 监测仪器应能满足表7所示精度和致灾体变形等所需量程。

5.4.2 监测仪器应具有良好的可靠性和稳定性，具有防风、防雨、防潮、防震、防雷、防腐等对环境的适应性和抗干扰能力。

5.4.3 监测仪器应具有检定合格证和相应的标定资料。

5.4.4 监测仪器设备宜具有自检、自校功能，有较高的自动化程度和较低的功耗。

5.4.5 变形监测、应力监测、影响因素监测等宜按表8选择监测仪器设备。

5.5 监测网布置

5.5.1 监测网应根据崩塌的地质特征、变形特征、施测条件等综合布置，由监测剖面和监测点组成。监测剖面、监测点布置应以能够充分控制致灾体整体变形为原则。

5.5.2 监测网应能控制致灾体整体变形和各块体的差异变形，同时宜兼顾崩塌底座及崩塌堆积体斜坡变形。

表7 监测方法及精度要求

监测内容		宜采用的监测方法	各监测等级精度要求			
			一级	二级	三级	四级
变形监测	地表绝对位移	全站仪法	3 mm	5 mm	10 mm	—
		卫星定位法	水平方向3 mm，垂直方向6 mm	水平方向5 mm，垂直方向10 mm	水平方向10 mm，垂直方向20 mm	—
	深部位移	钻孔测斜法	0.2 mm/m	0.3 mm/m	0.5 mm/m	—
	裂缝相对位移	位移计法	0.1 mm	0.5 mm	1 mm	1 mm
		简易观测法	1 mm	1 mm	2 mm	2 mm
	地面倾斜	地面测斜法	0.1°	0.5°	1.0°	—
应力监测	岩土体应力	应力计法	5kPa	10kPa	—	—
	防治工程受力	压力计法、锚索（杆）测力法	5kPa	10kPa	—	—
影响因素监测	降水量	雨量计法	0.2mm	0.5mm	—	—
	地下水位	水位计法	10mm	20mm	—	—
	开挖、爆破等工程活动	巡视检查并记录				

表 8 监测仪器设备要求

监测内容		监测方法	各监测等级宜使用的监测仪器设备			
			一级	二级	三级	四级
变形监测	地表位移	全站仪法	扫描型全站仪、全站仪	全站仪	全站仪	—
		卫星定位法	单频/双频/三频接收机	单频接收机	单频接收机	—
	深部位移	钻孔测斜法	移动式/固定式钻孔倾斜仪	移动式钻孔倾斜仪	移动式钻孔倾斜仪	—
	裂缝相对位移	位移计法	位移计、多点位移计	位移计、伸缩/收敛计	伸缩/收敛计	
		简易观测法	游标卡尺、盒尺	盒尺	盒尺、皮尺	盒尺、皮尺
	地面倾斜	地面测斜法	地面倾斜仪	地面倾斜仪	地面倾斜仪	—
应力监测	岩土应力	应力计法	应力计、压力盒	压力盒	—	—
	防治工程受力	压力计法、锚索（杆）测力法	压力盒、锚索（杆）测力计	压力盒、锚索（杆）测力计	—	—
影响因素监测	降水量	雨量计法	自动雨量计	雨量计	—	—
	地下水位	水位计法	自动水位计、孔隙水压力计、渗压计	水位计	—	—
	宏观巡查	调查记录	罗盘、皮尺、放大镜等			

5.6 监测剖面布置

5.6.1 倾倒式崩塌监测剖面一般应沿崩塌倾倒方向布置；滑移式崩塌、鼓胀式崩塌监测剖面一般应沿崩塌滑移、倾斜方向布置；拉裂式崩塌、错断式崩塌监测剖面应垂直于拉裂缝布置。

5.6.2 一级监测宜在致灾体中轴及两侧布置监测剖面；二级监测宜在致灾体中轴布置监测剖面；三、四级监测可不布置监测剖面。监测剖面数量宜按表 9 的要求选择。

5.6.3 监测剖面后端应延伸至致灾体后缘稳定岩土体，前端应延伸至崩塌堆积体斜坡以下。

5.6.4 监测剖面应尽可能与勘查剖面、稳定性计算剖面重合。

5.6.5 对正在实施工程治理的致灾体，可根据工程治理需求，增加应力监测、影响因素监测内容或监测剖面。

5.7 监测点布置

5.7.1 监测点应布置在能够反映致灾体变化趋势的关键及代表性部位，并应尽可能布置在监测剖面上，一般距剖面应不超过 5 m，施测条件限制时，可单独布点。

5.7.2 绝对位移监测点宜布置在被裂缝切割的重要块体表面、临空面顶部和崩塌堆积体斜坡，每条剖面的监测点数量可根据致灾体变形特征具体确定，一般不宜少于 3 个；绝对位移基准点应布置在致灾体外围稳定岩土体上，数量不应少于 3 个。

5.7.3 裂缝相对位移监测点应布置在控制性裂缝中部及两端，且尽可能位于监测剖面上，每条裂缝最少应有 1 个三向位移监测点(包括垂直裂缝方向、平行裂缝方向和重力方向)。

5.7.4 深部位移监测点应充分利用钻孔、平硐、竖井等勘探工程，布置在崩塌滑移面(带)、下伏软弱岩层、软弱夹层、采空区等部位，且尽可能和地表绝对位移监测点相对应。

5.7.5 地面倾斜监测点应布置在倾倒式崩塌、拉裂式崩塌的临空面顶部等倾斜角变化最大部位。

5.7.6 岩土体应力监测点应充分利用平硐等勘探工程，布置在崩塌底座与崩塌接触面、下伏软弱岩层、软弱夹层、采空区等应力相对集中或变化较大部位。

5.7.7 地下水位监测点宜布置在致灾体中、后部，且尽可能和深部位移监测点相对应。

5.7.8 降水量监测点一般应布置在致灾体后部或附近。

5.7.9 防治工程受力监测点应结合预应力锚索(杆)等防治工程措施布置，数量应不低于防治工程(锚索、锚杆等)总量的 5%，监测点应能控制整个防治区，形成纵、横监测剖面。

5.7.10 建(构)筑物变形监测应布置在变形量、变形速率较大的裂缝等部位。

5.7.11 一、二级监测点数量宜按表 9 的要求选取，变形明显加大时可在相应部位增加监测点。

表 9 监测网点布置要求

监测等级	一级	二级
监测剖面数量	不少于 3 条	不少于 1 条
控制性剖面上地表绝对位移监测点数量	不少于 3 点	不少于 2 点
控制性剖面上应力监测点数量	不少于 1 点	
控制性剖面上深部位移监测点数量	不小于 1 点	
控制性剖面上地下水位监测点数量	不小于 1 点	
控制性裂缝相对位移监测点数量	不少于 3 点	不少于 1 点

5.8 监测设计编制

监测设计书应包括任务来源、区域自然地理与地质环境条件、崩塌概况、监测内容、监测方法及精度、监测仪器、监测频率、监测网点布设、监测工程施工与仪器安装要求等内容，并附监测系统平面图、剖面图等附图、附表。监测设计书提纲见附录 D。

6 监测工作要求

6.1 监测频率

6.1.1 不同监测阶段的变形监测、应力监测、影响因素监测频率宜按表 10、表 11 选取。

6.1.2 下列情况下应相应提高监测频率：

a) 监测数据变化较大、变形速率加快或致灾体出现险情时；

b) 雨季或汛期；

c) 防治工程施工可能对致灾体产生扰动时；

d) 应急处置过程中，宜采取实时监测。

6.1.3 在工程运营监测阶段，当监测数据 1 个水文年内保持稳定时可相应降低监测频率。

6.2 数据采集

6.2.1 监测数据采集可采用人工记录或自动化记录的方法。

6.2.2 监测数据采集宜采用自动化、实时化采集与传输的方法。

6.2.3 人工记录数据应填写监测记录表格并及时数字化。监测记录表格格式见附录E。

6.2.4 自动化记录的数据，应及时进行质量检查。监测数据出现明显异常时，应及时检查、排除监测仪器设备故障。

表10 崩塌监测频率(按工程阶段)

监测等级	监测频率			
	调勘查监测阶段	工程施工监测阶段	工程运营监测阶段	应急监测阶段
一级	3 d～10 d	4 h～24 h	7 d～15 d	<1 h
二级	7 d～15 d	0.5 d～1 d	10 d～20 d	<4 h
三级	10 d～30 d	1 d～3 d	15 d～30 d	<12 h
四级	30 d～60 d	2 d～5 d	30 d～60 d	<1 d

表11 崩塌监测频率(按变形阶段)

监测等级	监测频率			
	初始变形监测阶段	匀速变形监测阶段	加速变形监测阶段	破坏变形监测阶段
一级	7 d～15 d	3 d～10 d	4 h～24 h	<1 h
二级	10 d～30 d	7 d～15 d	0.5 d～1 d	<4 h
三级	15 d～45 d	10 d～30 d	1 d～3 d	<12 h
四级	30 d～60 d	15 d～45 d	2 d～5 d	<1 d

7 监测系统建设、运行与维护

7.1 监测点建设

7.1.1 全站仪、卫星定位系统等地表绝对位移监测点及基准点环境条件应符合《全球定位系统(GPS)测量规范》(GB/T 18314—2009)或《工程测量规范(附条文说明)》(GB 50026—2007)的水平通视、对空通视等选点要求。

7.1.2 全站仪、卫星定位系统等地表绝对位移监测点及基准点应固定埋设观测墩(桩、标)。观测墩应和岩土体稳固结合并宜设立强制归心装置。观测墩制作和埋设应符合(GB 50026—2007)之10.2.3的要求观测墩建设要求参见附录F。

7.1.3 监测裂缝相对位移时，应在裂缝两侧固定埋设单向、双向或三向观测墩。观测墩应和裂缝两侧岩土体稳固结合。观测墩悬臂不宜大于1 m。裂缝相对位移观测墩建设要求参见附录G。

7.1.4 采用简易观测法监测裂缝相对位移时，应在裂缝两侧固定埋设钉、桩或刻画十字线等简易标志。简易观测法建点要求参见附录H。

7.1.5 深部位移监测点一般应施工监测钻孔或利用已有符合要求的勘探钻孔，孔深应穿过下伏软弱层进入崩塌底座3 m～5 m。孔内安装铝质或PVC质测斜管，其中一组导槽方向应和监测剖面方向一致。深部位移监测钻孔施工技术要求参见附录I。

7.1.6 地面倾斜监测点应埋设观测墩，观测墩应和岩土体稳固结合。地面倾斜观测墩建设要求参见附录J。

7.1.7 岩土体应力监测点施工技术要求见附录K。

7.1.8 地下水位监测点一般应施工水位监测钻孔，孔内固定安装自动水位计等监测仪器设备。地下水位监测钻孔施工技术要求参见附录L。

7.1.9 降水量监测点环境条件应符合《降水量观测规范》(SL21—2006)规定的选点要求。

7.1.10 监测点建设完成后，应按附录M要求填写安装记录表，并归档保存。

7.2 仪器设备安装

7.2.1 监测仪器设备安装前应进行校正、标定和测试，正常时方可安装使用。

7.2.2 仪器设备安装应按照仪器设备说明书的流程和要求执行。安装完成后应进行系统测试，正常时方能投入运行。仪器设备安装、测试过程应进行详细记录。

7.2.3 采用位移计法监测裂缝相对位移时，位移计应按不同的观测方向固定安装在观测墩上，位移计安装方法见附录G。

7.2.4 采用固定式钻孔倾斜仪监测滑移式崩塌、鼓胀式崩塌的深部位移时，传感器应固定安装于滑动带的上、中、下部，其上下固定端应穿越滑动带0.5m。滑动带应通过钻孔资料准确确定，必要情况下，可通过移动式倾斜仪监测后确定。固定式钻孔倾斜仪安装技术要求见附录I。

7.2.5 采用双轴地面倾斜仪监测地面倾斜变化时，地面倾斜仪应水平安装在观测墩顶部，其中一组传感器指向正北方向，详见附录J。

7.2.6 采用压力盒、应力计等监测岩土体(压)应力时，压力盒、应力计等应水平安装在崩塌底部，并采用混凝土等钢性结构与崩塌底座稳定岩土体连接，安装方法见附录K。

7.2.7 采用自计式水位计监测地下水位时，自计式水位计应放置于距测管底3m处，并做好传感器牵引钢丝绳及通信线缆的防腐等工作。

7.2.8 自动雨量计安装应按SL21之3.2.6等要求执行。

7.3 运行与维护

7.3.1 监测运行期间，全站仪、卫星定位仪等监测仪器设备应按仪器说明书进行检定与维护。

7.3.2 监测运行期间，应定期检查观测墩、归心盘、监测钻孔、通信线缆、防雷装置及简易观测桩(钉)等监测设施和标志的完好性，及时修复存在的问题。每年度检查维护次数应不低于2次。

8 资料整理与报告编制

8.1 资料整理

8.1.1 资料整理包括数据处理(原始数据转换、计算)、统计、曲线绘制等。

8.1.2 监测数据处理后的成果数据应及时转换为数字化监测记录表格或录入监测数据库。

8.1.3 数据统计内容应包括：

a) 某时间段(如日、旬、月、季、年)监测要素的变化量(如位移量、应力变化量、降雨量、倾斜变化量、水位变幅等)、变形方向及变形速率；

b) 某时间段监测要素的特征值，如最大值、最小值、平均值、累计值等。

8.1.4 宜根据分析需要，绘制各监测要素曲线图，主要包括：

a） 水平位移随时间曲线图；

b） 垂直位移随时间曲线图；

c） 裂缝相对位移（张合、水平错动、垂向下沉分量及三分量合成量）随时间曲线图；

d） 深部位移曲线图；

e） 地面倾斜角随时间曲线图；

f） 应力随时间曲线图；

g） 降水量和降水强度随时间曲线图；

h） 地下水位随时间曲线图等。

8.1.5 宜根据分析需要，绘制多监测要素对比曲线图，主要包括：

a） 同一部位不同要素对比曲线图，如地表绝对位移和裂缝相对位移随时间曲线对比图、位移和降水量随时间曲线对比图等；

b） 不同部位同一要素曲线对比图，如同一监测剖面上不同部位的地表绝对位移随时间曲线对比图等。

8.2 动态分析预测

8.2.1 动态分析一般应包括以下内容：

a） 各监测要素随时间变化的趋势性，分析致灾体变形动态、应力状态等发展趋势；

b） 各监测要素特征值变化的规律性，分析致灾体变形总量、速率及气温等环境因素影响；

c） 不同监测要素之间相关关系变化的规律性，分析降雨、冲刷、采掘等因素对致灾体变形的影响。

8.2.2 可采用移动平均法、指数平滑法等趋势预测方法，结合宏观地质现象等预测致灾体短期变形发展趋势。进行趋势预测时应对监测数据序列进行插补、剔除、平滑、滤波等处理，降低误差影响。

8.3 报告编制

8.3.1 监测报告一般应包括月报、年报，特殊工况下亦可包括日报、旬报和专报。

8.3.2 监测报告一般应包括以下要点：

a） 监测设备情况的评述，包括设备、设施的管理、维护、完好率、变更情况等，应附监测点一览表和监测点分布图；

b） 宏观巡查工作开展情况，主要成果及结论；

c） 监测数据采集、整理、分析及主要成果、结论，应附主要监测要素曲线图、对比曲线图；

d） 综合评价致灾体安全状况及应采取的措施建议。

8.3.3 监测报告编写提纲参见附录 N。

8.3.4 监测工作结束后，监测单位应提供以下资料，并按档案管理规定，组卷归档。

a） 监测设计书；

b） 监测系统建设报告和验收记录；

c） 监测数据；

d） 原始记录卡片、图片及影像资料；

e） 阶段性监测报告；

f） 监测成果总结报告，成果总结报告提纲见附录 O。

附 录 A
(资料性附录)
崩塌形成机理分类及特征

崩塌形成机理分类及特征见表 A.1。

表 A.1 崩塌形成机理分类及特征

类型	岩性	结构面	地形	受力状态	起始运动形式
倾倒式崩塌	黄土、直立或陡倾坡内的岩层	多为垂直节理,陡倾坡内一直立层面	峡谷、直立岸坡、悬崖	主要受倾覆力矩作用	倾倒
滑移式崩塌	多为软硬相间的岩层	有倾向临空面的结构面	陡坡(通常大于55°)	滑移面主要受剪切力作用	滑移
鼓胀式崩塌	黄土、黏土、坚硬岩层下伏软弱岩层	上部垂直节理,下部为近水平结构面	陡坡	下部软岩受垂直挤压作用	鼓胀伴有下沉、滑移、倾斜
拉裂式崩塌	多见于软硬相间的岩层	多为风化裂隙和重力拉张裂隙	上部突出的悬崖	拉张	拉裂
错断式崩塌	坚硬岩层、黄土	垂直裂隙发育,通常无倾向临空面的结构面	大于45°的陡坡	自重引起的剪切力	错落
注:据《滑坡崩塌泥石流调查规范(1∶50 000)》(DD 2008—02)					

附　录　B
（规范性附录）
宏观巡查内容及方法

B.1　宏观巡查内容

B.1.1　地表破坏现象，包括以下主要内容：

a）　地表裂缝出现的时间、位置、组合形态、延伸方向、长度和裂缝的张开（闭合）、裂缝两侧岩土相对水平错动、垂直下沉等变化；

b）　局部岩、土体的鼓胀、坍塌位置、范围、面积、形态特征及发生、延伸时间；

c）　地面局部沉降位置、形态、面积、幅度及发生、延续时间；

d）　建（构）筑物变形、裂缝的变化及发生持续时间；

e）　地下硐室变形和破坏情况及发生持续时间；

f）　悬崖或高陡边坡的崩石频度与崩石量的变化情况。

B.1.2　地声异常，包括地声发生的位置、性质、强度、频度等。

B.1.3　动植物异常，包括致灾体上的动物（鸡、狗、牛、羊等）有无异常活动现象，崩塌体上的植物（树木、草等）有无异常枯死现象。

B.1.4　地表水和地下水异常，包括地表水、地下水水位突变（上升或下降）或水量突变（增大或减小），水质突然浑浊，泉水突然消失或者突然出现新泉等。

B.1.5　人类工程活动，包括开挖、加载、爆破等工程活动的时间、地点、范围、强度、频度等。

B.2　宏观巡查方法与要求

B.2.1　宏观巡查宜以目测为主，可辅以量尺等设备进行。

B.2.2　宏观巡查情况应做好记录。检查记录应及时整理，并与仪器监测数据进行综合分析。宏观巡（调）查记录表格格式见表 B.1。

B.2.3　巡查如发现异常和危险情况，应及时通知委托方及其他相关部门。

表 B.1　宏观巡（调）查记录表

项目名称：　　　　　　　　　　　　　　　　　　巡查日期：　年　月　日　时

序号	内容	宏观现象描述	备注
1	地表破坏现象		
2	地声异常		

表 B.1　宏观巡(调)查记录表(续)

项目名称：　　　　　　　　　　　　　　　　　　　　　　巡查日期：　年　月　日　时

序号	内容	宏观现象描述	备注
3	动植物异常		
4	地表水和地下水异常		
5	人类工程活动		
6	其他		
初步结论			

监测单位：　　　　　　监测人：　　　　　　校核人：　　　　　　审核人：

附 录 C
(规范性附录)
崩塌现场调查主要内容

C.1 崩塌(危岩体)调查

C.1.1 崩塌类型、位置、形态、分布高程、规模。

C.1.2 崩塌体及周边的地质构造、地层岩性、地形地貌、岩土体结构类型、斜坡结构类型。岩土体结构类型应初步查明软弱(夹)层、断层、褶曲、裂隙、临空面、侧边界、底界(崩滑带)以及它们对崩塌体的控制和影响。

C.1.3 崩塌及周边的水文地质条件和地下水赋存特征。

C.1.4 崩塌周边及底界以下地质体的工程地质特征。

C.1.5 崩塌变形发育史。历史上崩塌形成的时间,发生崩塌的次数、发生时间,崩塌前兆特征、方向、运动距离、堆积场所、规模、诱发因素,变形发育史、崩塌发育史、灾情等。

C.1.6 崩塌成因的诱发因素。包括降雨、河流冲刷、地面及地下开挖、采掘等因素的强度、周期以及它们对崩塌变形破坏的作用和影响。在高陡临空地形条件下,由崖下硐掘型采矿引起山体开裂形成的崩塌体,应详细调查采空区面积、采高、分布范围、顶底板岩性结构,开采时间、开采工艺、矿柱和保留条带的分布,地压现象(底鼓、冒顶、片帮、鼓帮、开裂、支架位移破坏)、地压显示与变形时间,地压监测数据和地压控制与管理办法,研究采矿对崩塌形成与发展的作用和影响。

C.1.7 分析崩塌的可能性,初步划定崩塌可能造成的灾害范围,进行灾情的分析与预测。

C.1.8 崩塌后可能的运动方式和轨迹,在不同崩塌体积条件下崩塌运动的最大距离。在峡谷区,要重视气垫浮托效应和折射回弹效应的可能性及由此造成的特殊运动特征与危害。

C.1.9 崩塌可能到达并堆积的场地形态、坡度、分布、高程、地层岩性与产状及该场地的最大堆积容量。在不同体积条件下,崩塌块石越过该堆积场地向下移动的可能性,最终堆积场地。

C.1.10 可能引起次生灾害类型(涌浪、堰塞湖等)和规模,确定成灾范围,进行灾情的分析与预测。

C.2 崩塌堆积体调查

C.2.1 崩塌体运移斜坡的形态、地形坡度、粗糙度、岩性、起伏差、崩塌方式、崩塌块体的运动路线和运动距离。

C.2.2 崩塌堆积体的分布范围、高程、形态、规模、物质组成、分选情况、植被生长情况,特别是组成物质的块度、结构、架空情况和厚度。

C.2.3 崩塌堆积床形态、坡度、岩性和物质组成、结构面产状。

C.2.4 崩塌堆积体内地下水的分布和运移条件。

C.2.5 评价崩塌堆积体自身的稳定性和在上方崩塌体冲击荷载作用下的稳定性,分析在暴雨等条件下向泥石流、滑坡转化的条件和可能性。

C.3 工作实施条件调查

C.3.1 实施监测工作的交通、场地、通信、供电、供水等条件。

C.3.2 当地气候、猛兽等威胁安全的条件。

附　录　D
（规范性附录）
崩塌监测设计提纲

D.1　正文

1）　前言。包括任务来源，监测目的和任务，执行技术与标准，工作起止时间，以往工作程度等。

2）　区域自然地理与地质环境条件。包括自然地理、气象水文、地形地貌、地层岩性、地质构造、新构造运动与地震、水文地质条件、区域地质灾害概况、人类工程活动等。

3）　崩塌概况。包括形态特征、地质结构、成因机理、变形破坏机制、影响因素、稳定性分析评价与预测、危害性分析评估。

4）　监测内容与监测方法。在地质分析基础上，确定监测内容、监测方法。

5）　监测精度和监测频率。包括不同监测阶段的监测精度、数据采集频率及特殊条件下的调整措施等。

6）　监测网布设。根据地质分析，确定监测点、监测剖面和监测网布置方案，并编制监测系统平面布置图。

7）　监测系统建设、运行与维护。包括监测标、墩，监测钻孔、测管等监测设施施工、安装方法，监测仪器型号、主要技术指标与检定、安装、调试要求，监测设备维护方案，监测系统运行的人员安排、技术要求等。

8）　监测数据采集、处理与分析。包括监测数据采集方法，数据转换、计算、数据库管理，监测数据分析方法，监测报告的类型与要求等。

9）　经费预算。

10）　组织管理与质量保障措施。

11）　结语。

D.2　附件

1）　附图。一般包括以下附图：监测系统平面布置图、监测系统剖面布置图、钻孔施工设计图等。

2）　附表。一般包括以下附表：基本情况汇总表、监测工程量汇总表。

3）　其他附件。包括调查报告、勘查报告、照片、航片、录像片等。

附 录 E
(资料性附录)
监测记录表格

E.1 卫星定位系统

采用多台卫星定位系统接收机进行定期静态观测时,可采用表E.1进行外业观测记录。

表E.1 全球卫星定位系统(GPS)外业观测记录表

观测日期: 观测期次:第____期 统一编码:

接收机型号: 天气状况: 页码:第 页 共 页

序号	观测起止时间	时段号	观测点编号	天线高/mm	基准点标志(打▲号)	观测人	备注(电池更换等需说明事项)
1							
2							
3							
4							
5							
⋮							
备注							

监测单位: 记录人: 校核人: 审核人:

E.2 自记式钻孔倾斜仪

采用自记式钻孔倾斜仪进行深部位移观测时,可采用表E.2进行外业观测记录。

表E.2 自记式钻孔倾斜仪外业观测记录表

监测日期: 监测期次:第____期 统一编码:

仪器型号: 仪器编号: 页码:第 页 共 页

监测点编号	监测孔深/m	数据量/个	存储通道号	观测人	备注

监测单位: 记录人: 校核人: 审核人:

E.3 人工记录式钻孔倾斜仪

采用人工记录式钻孔倾斜仪进行深部位移监测时,可采用表E.3进行监测数据记录。

表E.3 人工记录式钻孔倾斜仪观测记录表

监测日期: 监测期次:第____期 统一编码:

仪器型号: 仪器编号: 页码:第 页 共 页

监测点编号	孔号	深度/m	A_0方向测值/mm	A_{180}方向测值/mm	B_0方向测值/mm	B_{180}方向测值/mm	备注

监测单位: 记录人: 校核人: 审核人:

E.4 岩土体应力

采用人工记录式岩土体压(应)力计进行岩土体应力监测时,可采用表 E.4 进行观测记录。

表 E.4 岩土体压(应)力观测记录表

监测日期: 观测期次:第____期 统一编码:

仪器型号: 仪器编号: 页码:第 页 共 页

测点编号	位置	本次应力/kPa	上次应力/kPa	本次变化/kPa	累计变化/kPa	备注

监测单位: 记录人: 校核人: 审核人:

E.5 地下水位

采用人工记录式地下水位计等进行地下水位监测时,可采用表 E.5 进行观测记录。

表 E.5 地下水位观测记录表

监测日期: 观测期次:第____期 统一编码:

仪器型号: 仪器编号: 页码:第 页 共 页

测点编号	位置	初始高程/m	本次高程/m	本次变化量/m	累计变化量/m	备注

监测单位: 记录人: 校核人: 审核人:

E.6 裂缝位移

采用人工记录式位移计、伸缩计或卡尺等进行裂缝相对位移监测时，可采用表E.6进行观测记录。

表E.6 裂缝相对位移观测记录表

监测日期： 观测期次：第____期 统一编码：
仪器型号： 仪器编号： 页码：第 页 共 页

测点编号	地理位置	张合		位错		下沉		备注
		本次测值/mm	本次变化/mm	本次测值/mm	本次变化/mm	本次测值/mm	本次变化/mm	

监测单位： 记录人： 校核人： 审核人：

附 录 F
(资料性附录)
地表绝对位移观测墩结构

地表绝对位移观测墩应采用钢筋混凝土制作，观测墩顶部嵌入强制归心装置(归心盘)，归心盘为不锈钢板，中心设有强制对中螺丝(英制)。观测墩的设计规格和建设结构见图 F.1。

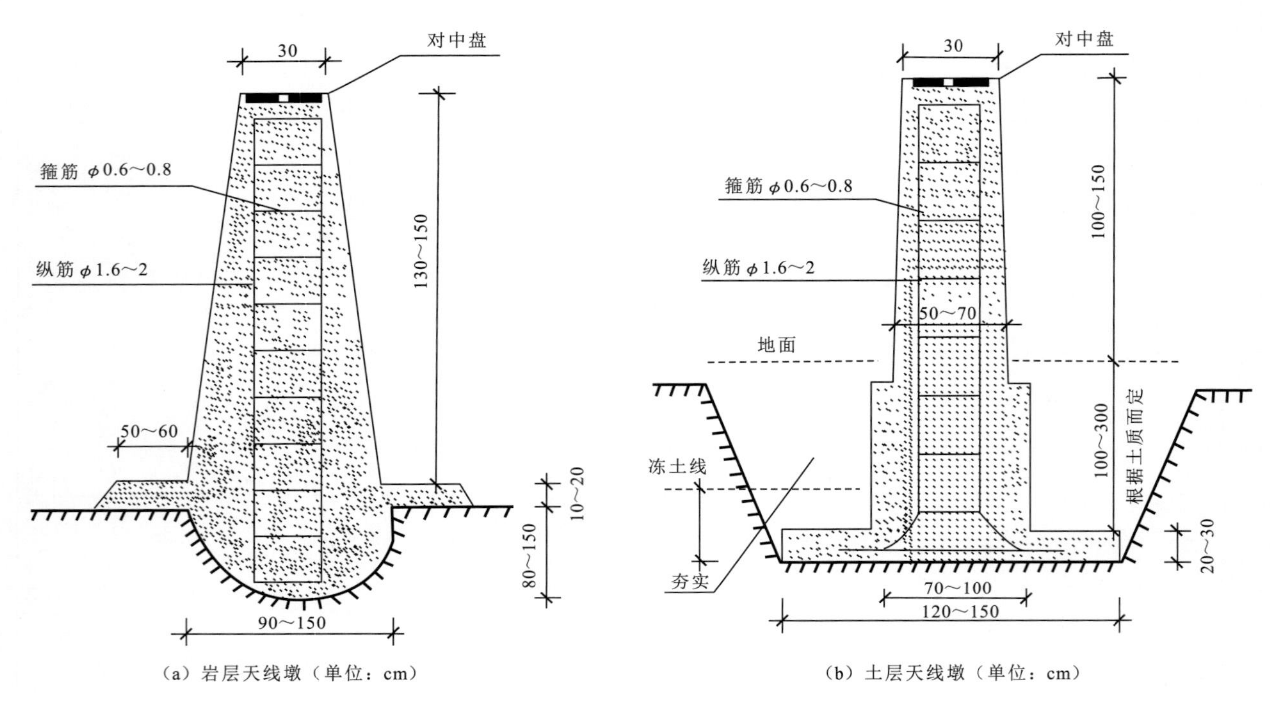

图 F.1 地表绝对位移观测墩结构示意图

附 录 G
（资料性附录）
裂缝相对位移观测墩结构与传感器安装

G.1 单向裂缝位移计观测墩结构

单向裂缝位移计观测墩结构见图 G.1。

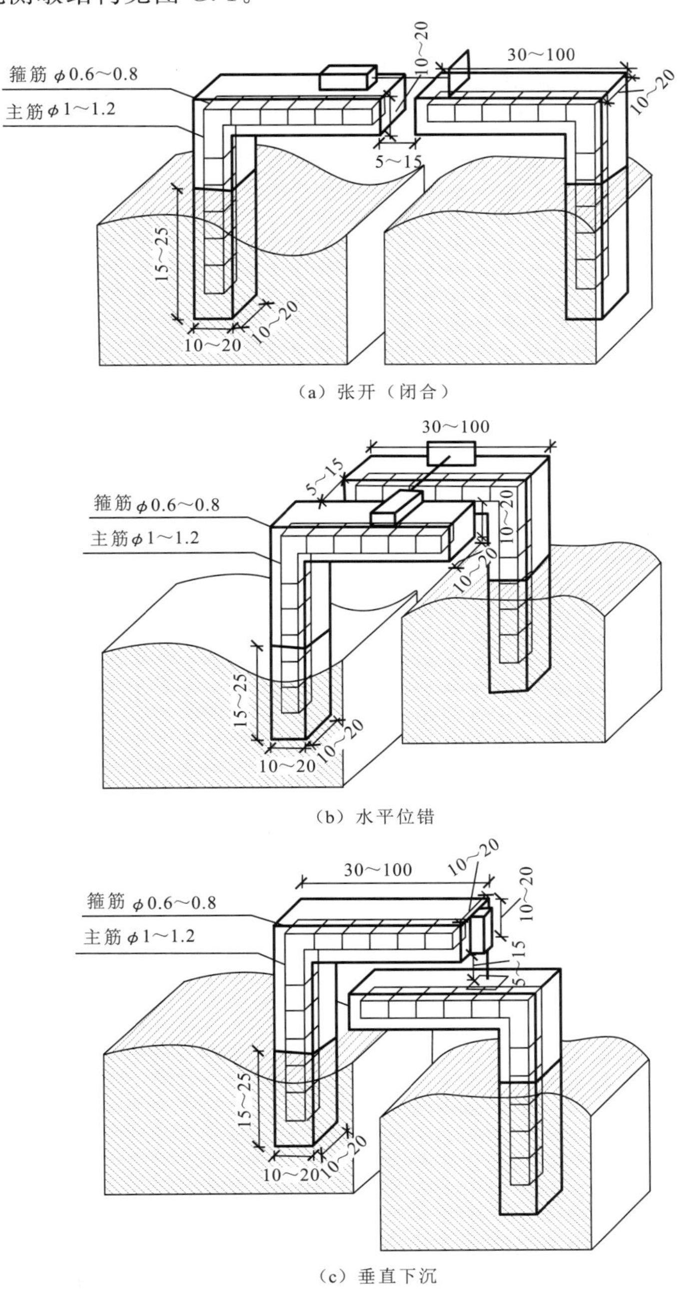

图 G.1 单向裂缝位移监测墩结构示意图(单位:cm)

G.2 三向裂缝位移计观测墩结构

三向裂缝位移计观测墩结构见图 G.2。

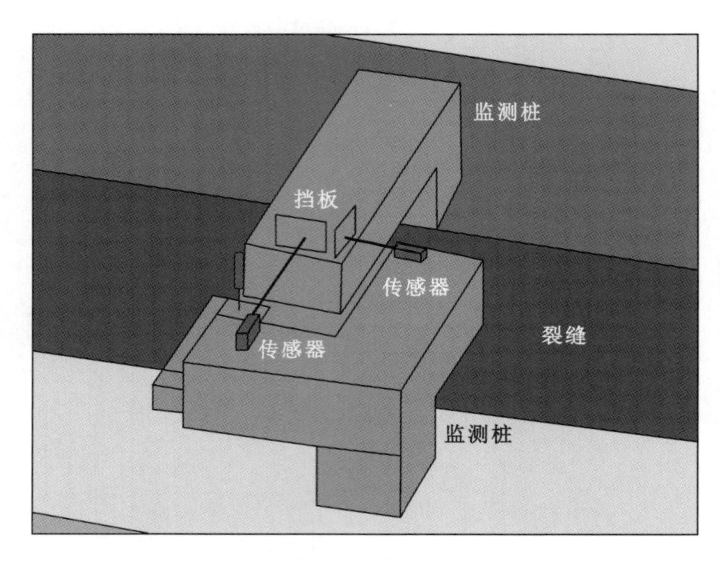

图 G.2 三向裂缝位移监测墩三维展示图

G.3 裂缝位移计安装示意图

单向、三向裂缝位移计安装方法示意图见图 G.1、图 G.2。位移计安装方法见图 G.3。

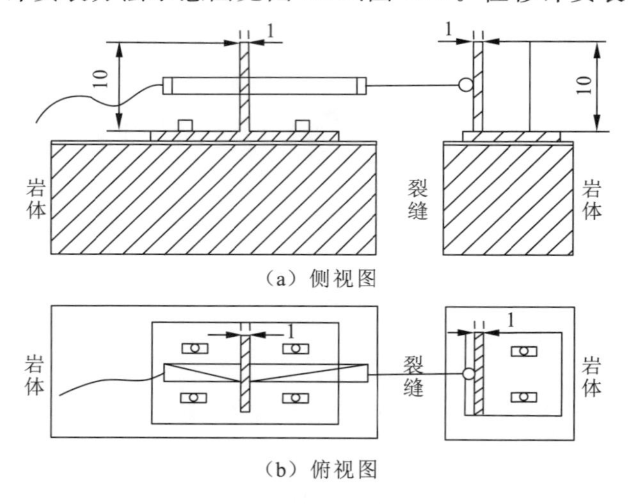

图 G.3 位移计安装示意图(单位:cm)

附　录　H
（资料性附录）
简易观测法建点方法

H.1　埋桩（钉）法

在裂缝两侧（或上、下）设标记、埋桩或者埋钉，用钢尺等测量工具量测裂缝张开、闭合、位错或下沉等变形，详见图 H.1、图 H.2。

H.2　贴片法

在滑坡体或建筑上的裂缝上粘贴纸片、涂抹水泥砂浆等方式（图 H.3），如果纸片或水泥涂片拉裂或断损，说明裂缝在变形，可用钢尺量测裂缝开裂量；或在裂缝上设立标识，贴磁片或玻璃片等，然后用钢尺等进行量测。

H.3　特点

简便易行，投入快，成本低，便于群测群防；操作简单，直观性强；精度较差，观测时劳动强度大；其监测成果可和仪表监测相互校验、补充。

H.4　适用范围

适用各种崩塌不同变形阶段的监测。

图 H.1　埋桩法

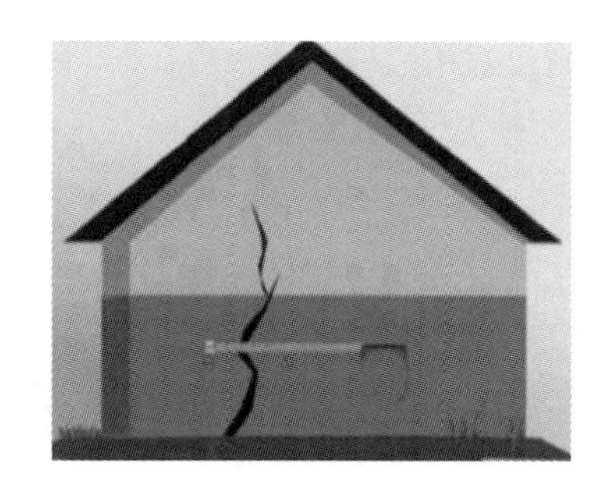

图 H.2　埋钉法

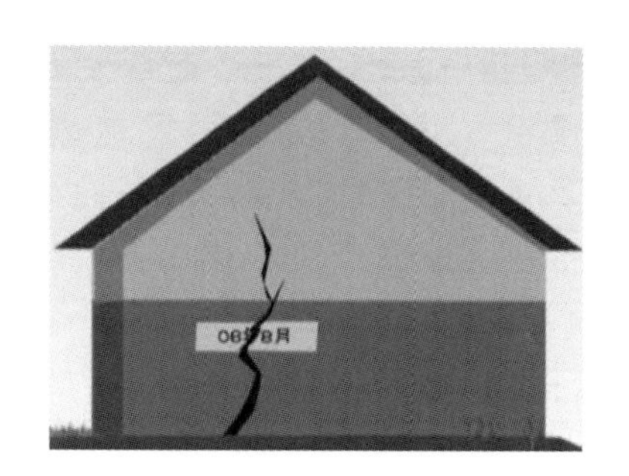

图 H.3　贴片法

附　录　I
（规范性附录）
深部位移监测钻孔施工及仪器安装技术要求

I.1　监测钻孔施工技术要求

I.1.1　按监测设计书要求在选定部位钻孔，全孔取芯，钻孔直径以不小于测斜管外径 30 mm 为宜，一般不宜小于 110 mm。
I.1.2　在地下水位以上的土层和不易塌孔的砂土内应采用干法钻进；在地下水位以下的岩土层内，应采用单动双管钻进技术钻进；严重缩孔或塌孔时应采用跟管或泥浆护壁。
I.1.3　为了防止塌孔，并为将来进行孔口保护做好准备，孔口段应预留 5 m 长的套管。
I.1.4　钻进过程中应做好钻孔地质编录。钻孔完成后，应检查钻孔深度及其通畅情况，测量孔斜，并绘制钻孔综合柱状图。
I.1.5　每钻进 50 m 及终孔后均应校正孔深，孔深最大误差不得大于 0.5%。钻孔铅直度偏差应满足每 50 m 孔深内不大于±3°。
I.1.6　钻孔应穿过滑带，进入完整基岩或稳定层 3 m～5 m。
I.1.7　监测孔孔口应设置必要的保护装置。
I.1.8　测量监测孔坐标及孔口高程。

I.2　测斜管安装技术要求

I.2.1　测斜管可选择 ABS 工程塑料管、铝合金管和 PVC 管等，管内壁须有两对互相正交的导槽。长期监测宜选用铝合金管，临时性监测可选用 PVC 管。
I.2.2　测斜管应平直，两端平整。其内壁应平整圆滑，导槽应平整顺直，不得有裂纹结瘤。
I.2.3　测斜管安装前，须进行一次清孔作业，确保钻孔通畅，保证测斜管的顺利下放。
I.2.4　按埋设长度要求在现场将测斜管逐根进行标记预接。预接时管内导槽须对准，并套上管接头，在其两导槽间对称钻 4 个孔，用铆钉（铝合金管）或自攻螺丝（ABS 工程塑料管）将管接头与测斜管固定，然后在管接头与测斜管接缝处用橡皮泥等堵塞，再用防水胶带缠紧，测斜管底端加底盖并用胶带缠紧密封，以防止注浆液渗入管内。装配好的测斜管导槽扭转角应不大于 0.17°/m。
I.2.5　测斜管其中一对导槽应与预计变形或滑移方向一致。测斜管长度较大时，为保证安全，可用承重吊绳、绞车、套管夹等装置辅助安装。
I.2.6　测斜管与钻孔之间空隙通过底部返浆法（岩体钻孔）或孔口注砂法（土体钻孔）填充。底部返浆法采用 C25 水泥砂浆灌注，为防止在灌浆时测斜管浮起，宜预先在测斜管内注入清水；孔口注砂法填砂时须边填砂边注水，确保填砂密实。
I.2.7　灌浆完毕或回填砂后，测斜管内要用清水冲洗干净。做好孔口保护措施及孔口平台，防止碎石或其他异物掉入管内，以保证测斜管不受损坏。
I.2.8　待水泥浆凝固或填砂密实稳定后，量测测斜管导槽的方位、管口坐标及高程，并对安装埋设过程中发生的问题作详细记录。

I.3 固定式钻孔测斜仪安装技术要求

I.3.1 设备安装之前的准备工作：

a) 根据钻孔柱状图，确定滑动带(面)位置；

b) 根据滑动带(面)的位置，设计传感器数量、连接杆长度及牵引钢丝绳的长度，确保传感器能够安装在滑动带(面)部位；

c) 采用模拟探头对测斜管内堵塞情况进行探明，防止仪器设备下放时卡死在孔内。

I.3.2 仪器设备的安装步骤：

a) 确定主滑方向或倾覆方向，安装时保证探头极性一致；

b) 按编号顺序将传感器、连接杆及牵引钢丝绳、孔口吊环逐一连接，组成传感器组，探头与连接杆及轮组件之间配合处应紧固到位，传感器通信线缆绷直后，与传感器、连接杆、牵引钢丝等牢固捆绑，捆绑点的间距不大于 2 m；

c) 将传感器组对准导槽缓慢放置于测斜管内，直至传感器组到达设计位置，下放过程中，应将传感器通信线缆绷直，与传感器、连接杆、牵引钢丝等牢固捆绑，捆绑点的间距不大于 2 m，传感器组较重时，可采用起吊装置辅助安装；

d) 传感器组下放过程中，应对各传感器进行持续测试，确认探头数据输出正常方可继续下放，否则应及时取出，更换或维修；

e) 传感器组下放完成后，将牵引钢丝绳末端吊环悬挂于孔口，将通信线缆整理、标记；

f) 进行最后一次测试，传感器输出正常后，完成安装工作。固定式钻孔倾斜仪安装示意图见图 I.1。

I.4 移动式钻孔测斜仪使用技术要求

I.4.1 确认电缆盘电源关闭及测头连接器处密封圈完好，将电缆连接器和测头连接器对齐，然后拧紧紧固螺丝。用手压缩导轮组，使之平滑放入导槽内，转动电缆盘释放电缆，缓缓将测头置于测斜管测量深度的底部，然后在测斜管管口放置井口装置。

I.4.2 将测头拉起至首个深度标志为测读起点，每 0.5 m 观测并记录一次数据。每次测读时都应将电缆标志对准，以防读数不准确。利用电缆标志测读，使测头升至测斜管顶端为止。

I.4.3 一次观测完成后，将测斜仪反转 180°，重复以上过程，完成第二次观测，如图 I.2。

I.4.4 对于单轴型移动式钻孔倾斜仪，在二次观测完成后仅测得一组导槽方向的水平位移，应将测斜仪沿另一组导槽方向重复以上观测过程，完成第三次、第四次观测；对于双轴型移动式钻孔倾斜仪，完成第二次观测后即完成本次监测作业。

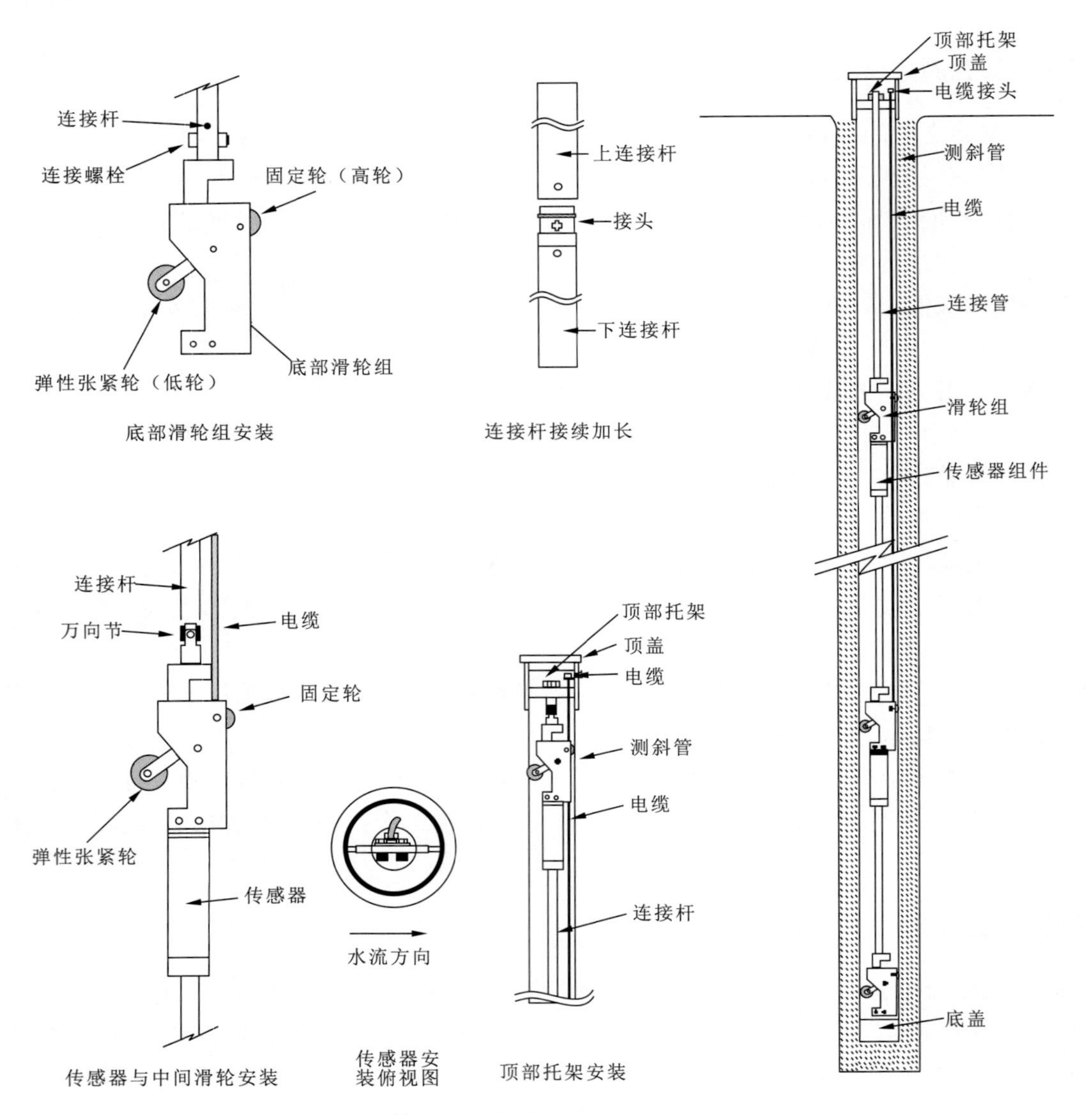

图 I.1　固定式钻孔倾斜仪安装示意图

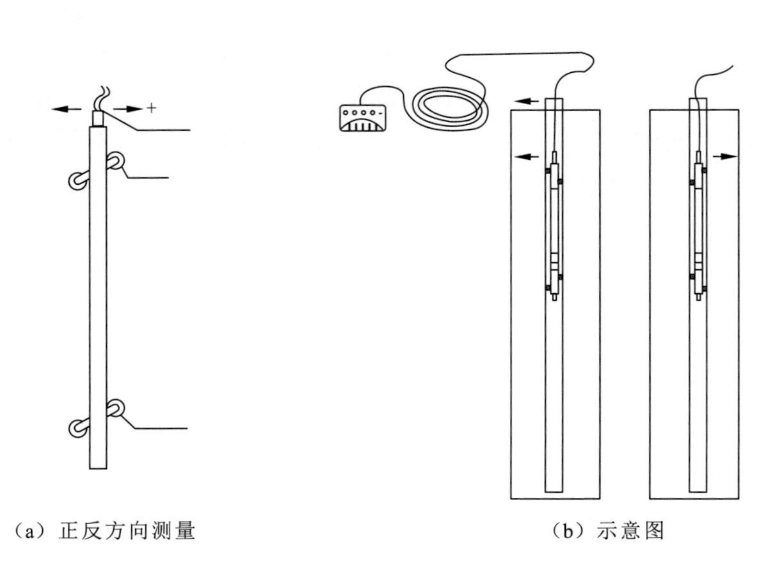

图 I.2　垂直测头的结构

附 录 J
(资料性附录)
地面倾斜观测墩结构

J.1 地面倾斜观测墩结构

地面倾斜观测墩结构见图 J.1。

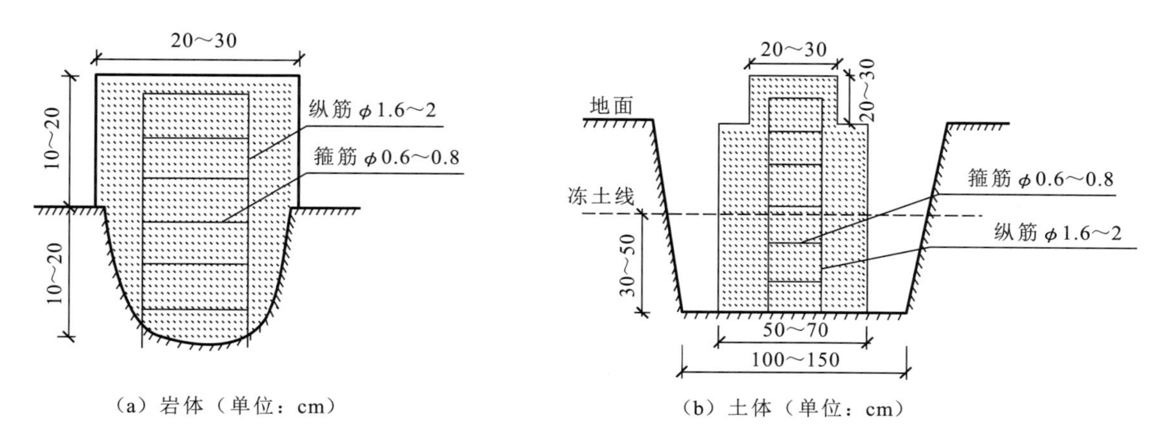

(a) 岩体(单位:cm)　　(b) 土体(单位:cm)

图 J.1 地面倾斜观测墩结构示意图

J.2 地面倾斜仪安装

双轴型地面倾斜仪安装见图 J.2。

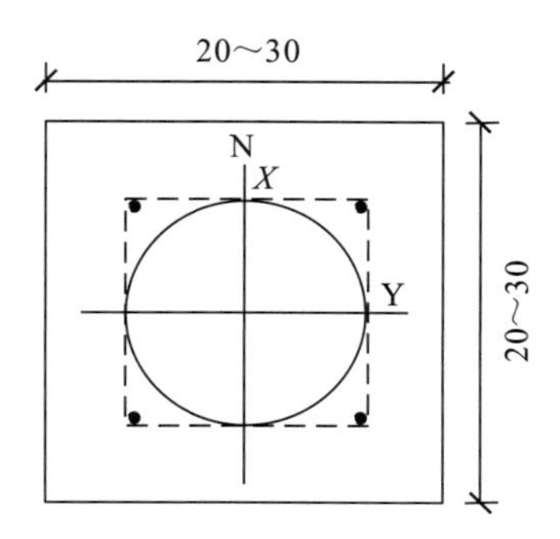

图 J.2 双轴型地面倾斜仪安装示意图(单位:cm)

附　录　K
（资料性附录）
岩体应力监测点建设要求

岩土体应力监测点建设见图 K.1、图 K.2。

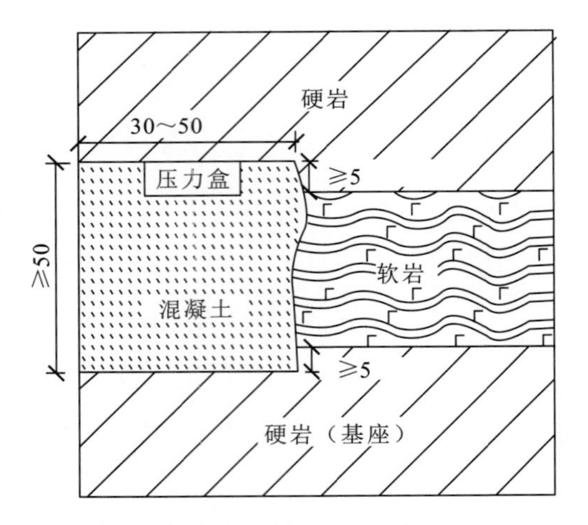

图 K.1　岩体压(应)力监测点安装示意图(单位:cm)

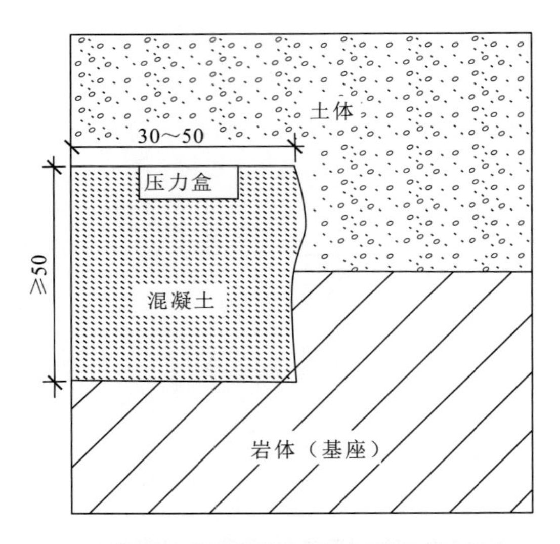

图 K.2　土体压(应)力监测点安装示意图(单位:cm)

附　录　L
（规范性附录）
地下水位监测钻孔施工技术要求

L.1　监测钻孔施工技术要求

L.1.1　地下水位监测钻孔施工前，应进行钻孔结构设计，包括开孔和终孔直径、孔深、孔斜、变径位置等。

L.1.2　基岩监测钻孔，应采用清水钻进；松散层监测钻孔，可采用水压或泥浆钻进。

L.1.3　监测钻孔应及时洗孔，冲水介质的质量应符合《管井技术规范》(GB 50296—2014)的有关规定，宜洗至水位变化反应灵敏，洗孔结束前的出水含砂量不大于1/2 000(体积比)。

L.1.4　监测钻孔直径不应小于110 mm，井管内径一般不应小于100 mm；孔深在100 m深度内孔斜度不低于1.5°；孔深误差不大于0.2%。

L.1.5　监测钻孔深度一般应穿过崩塌底座3 m～5 m。

L.1.6　在下滤水管之前，应再进行一次清孔，确保滤水管能顺利下到位。

L.1.7　在裂隙、岩溶含水层中宜采用裸孔架、缠丝过滤器或填砾过滤器；在卵石、圆(角)砾及粗中砂含水层中，宜采用缠丝过滤器或填砾过滤器；在粉细砂含水层中，宜采用填砾过滤器。

L.1.8　过滤器宜为圆孔过滤器，圆孔直径20 mm～40 mm，管外用60目尼龙纱网2层包扎，孔隙率18～23。

L.1.9　监测钻孔宜全孔取芯，随钻编录；在钻进过程中，应对水位、水温、冲洗液消耗量、漏水位置、孔壁坍塌、含水构造和溶洞的起止深度等进行观测和记录。

L.1.10　钻探结束后，应测量坐标和孔口高程。

L.2　测管安装技术要求

L.2.1　测管的管材应根据地下水水质、管材强度、监测孔的口径与深度及技术经济等因素确定，可选用镀锌管、钢管、铸铁管、预制钢筋混凝土管及PVC管等。

L.2.2　测管直径一般为50 mm～90 mm，管底加盖密封，下部留出2.0 m长且不打孔作为沉淀段，上部留出1.0 m长不打孔作为管口封闭段，中间部分的管壁周围钻出直径为10 mm～30 mm的滤水孔。

L.2.3　测管滤水孔纵向间距取50 mm，梅花状交错排列，管壁外部用缠丝包网作过滤层。

L.2.4　在裂隙、岩溶含水层中宜采用裸孔架、缠丝过滤器或填砾过滤器作为过滤层；在卵石、圆(角)砾及粗中砂含水层中，宜采用缠丝过滤器或填砾过滤器作为过滤层；在粉细砂含水层中，宜采用填砾过滤器作为过滤层。

L.2.5　过滤器宜为圆孔，孔径20 mm～40 mm，管外用60目尼龙纱网2层包扎，孔隙率18～23。

L.2.6　测管下放完毕后，用砾料回填测管与孔壁之间的缝隙，根据过滤器的位置确定填砾高度，填至离地面高约1.0 m～0.5 m处，再用黏土球封闭环形空间至地面，以防地表水渗入。

L.2.7　测管安装完成后，应对管内进行清淤，做好孔口保护；孔口应砌筑测试平台，尺寸宜为1.5m×1.5m。

附　录　M
（资料性附录）
监测建点记录表

表 M.1　监测建点记录表

项目名称：　　　　　　　　　　　　　　　　　　　　　　　　　合同号：

监测单位：　　　　　　　　　　　　　　　　　　　　　　　　　监理单位：

灾害点名称		仪器型号及编号		生产厂家	
孔深/m		孔口高程/m		孔底高程/m	
埋设位置		埋设方式		接管根数/个	
管材		外径/mm		导槽方向	
砂浆标号/m		注浆压力/MPa		注浆上返高/m	
埋设示意图及说明					
埋　设　期	自　年　月　日至　年　月　日				

工作人员	主管		埋设者		填表人	
	观测者		监　理		填表日期	
说明：适用于监测钻孔内传感器、危岩基座处压力传感器、雨量计安装验收。一式三份，施工单位、监理单位、业主单位各一份						

附　录　N
（规范性附录）
崩塌监测报告提纲

N.1　监测月报提纲

崩塌监测月报应包括监测工作概况、监测成果与分析、监测结论及建议等内容，宜按下列提纲编制。

1）　前言。包括监测对象及所采用的主要监测方法、任务要求与完成情况、预警相关事件说明。
2）　监测工作概况。包括监测工作组织情况、监测设备设施现状与性能、宏观地质巡查情况、数据处理说明、监测工作质量与影响监测质量的因素、完成的工作量、存在的主要问题。
3）　监测成果。致灾体地质条件、全部或部分给出各类监测要素的过程线图。
4）　监测分析。结合监测成果和宏观地质巡查结果，通过单点分析、剖面分析及综合分析，说明致灾体变形动态、应力状态和影响因素，分析变形发展趋势，判定致灾体稳定性状况，给出相应的预警等级。
5）　监测结论与建议。
6）　附件。包括监测系统平面布置图、监测工作一览表等。

N.2　监测年报提纲

崩塌监测年报应包括监测工作概况、监测成果与分析、监测结论及建议等内容，宜按下列提纲编制。

1）　前言。包括任务来源、任务要求及完成情况、预警相关事件说明。
2）　监测工作概况。包括自然地理及地质环境概况、监测工作评述、监测设备设施现状与性能、群测群防监测利用情况（若存在）、宏观地质巡查情况、数据处理说明、监测工作质量与影响监测质量因素、完成的工作量、存在的主要问题。
3）　崩塌概况及监测成果分析。崩塌地理位置、规模、主要危害及规划防治措施；崩塌基本特征；监测网点布设及监测内容；全部或部分给出各类监测要素的过程线图；结合监测成果和宏观地质巡查结果，通过单点分析、剖面分析及综合分析，说明致灾体变形动态、应力状态和影响因素，分析变形发展趋势，判定致灾体稳定性状况，给出相应的预警等级。
4）　监测结论。
5）　监测工作中存在的问题及建议。
6）　附件。包括监测系统平面布置图、监测系统剖面布置图、监测工作一览表等。

N.3　监测专报提纲

崩塌监测专报应包括专报事由、监测分析、结论及建议等内容，宜按下列提纲编制。

1）　前言。包括任务来源、专报事由（如应急调查、预警等）等。
2）　崩塌概况。包括崩塌地理位置、规模及主要危害，崩塌基本特征，崩塌变形概述等。
3）　监测分析。包括监测成果（全部或部分监测要素过程线图）、监测分析、稳定性评价。
4）　结论与建议。

附　录　O
（规范性附录）
监测成果总结报告提纲

O.1　正文

监测成果总结报告应包括项目概况、工作区地质环境条件、地质灾害特征、监测内容、监测方法、监测网布设、监测成果分析、结论及建议等内容，宜按以下提纲编制。

1）　前言。包括任务由来、监测项目概况（续作项目须总结前人监测成果及结论）、监测实施依据，测量基准等。
2）　工作区地质环境条件。
3）　地质灾害特征及变形破坏模式。
4）　监测内容、监测方法和精度分析。
5）　监测网布设。包括基准点布设、监测点布设、监测剖面布设。
6）　监测成果分析。
7）　稳定性评价及变形趋势预测。
8）　结论与建议。

O.2　附图、附表

监测成果总结报告的附图、附表应包括以下主要内容。

1）　监测系统平面布置图。
2）　监测系统剖面图。
3）　监测点埋设构造图。
4）　监测基准点稳定性检验成果。
5）　监测点施工验收报告。
6）　监测竣工验收报告。
7）　监测数据汇总表。
8）　监测要素变形过程线图。